BEI GRIN MACHT SICH IHR WISSEN BEZAHLT

- Wir veröffentlichen Ihre Hausarbeit, Bachelor- und Masterarbeit

- Ihr eigenes eBook und Buch - weltweit in allen wichtigen Shops

- Verdienen Sie an jedem Verkauf

Jetzt bei www.GRIN.com hochladen und kostenlos publizieren

Simon Weller

Folgen der Globalisierung für die landwirtschaftliche Entwicklung in Afrika – Beispiel Zucker

GRIN Verlag

Bibliografische Information der Deutschen Nationalbibliothek:

Die Deutsche Bibliothek verzeichnet diese Publikation in der Deutschen National-
bibliografie; detaillierte bibliografische Daten sind im Internet über http://dnb.d-
nb.de/ abrufbar.

Impressum:

Copyright © 2008 GRIN Verlag GmbH
Druck und Bindung: Books on Demand GmbH, Norderstedt Germany
ISBN: 978-3-640-76801-1

Dieses Buch bei GRIN:

http://www.grin.com/de/e-book/162148/folgen-der-globalisierung-fuer-die-land-
wirtschaftliche-entwicklung-in-afrika

Inhalt

I Einleitung

Zucker ist mengen- und wertmäßig eines der bedeutendsten weltweit gehandelten Agrargüter. Seine Gewinnung erfolgt in den Tropen und Subtropen aus Zuckerrohr, in den gemäßigten Breiten hingegen aus Zuckerrüben. Dadurch ergibt sich, im Unterschied zu anderen Agrarprodukten wie etwa Kaffee oder Bananen, eine direkte Konkurrenz zwischen Entwicklungs- und Industrieländern auf dem Weltmarkt. In den letzten Jahren ist zu beobachten, dass sich viele Rohstoffe, Zucker eingeschlossen, spürbar verteuern. Das Paradigma der sich langfristig für die Entwicklungsländer immer weiter verschlechternden *terms of trade* scheint an Gültigkeit zu verlieren. Auf dem Zuckerweltmarkt vollziehen sich große Veränderungen: Handelspräferenzen und -restriktionen werden einerseits auf Druck der Welthandelsorganisation WTO reduziert, wie die Reform der Europäischen Zuckermarktordnung zeigt, andererseits aber auch neu aufgebaut, wie im Falle der Everything But Arms-Initiative (EBA), die entwicklungspolitische Ziele verfolgt. Steigende Nachfrage aus den großen Wachstumsmärkten China und Indien sowie ein steigender Ölpreis lassen den Zuckerpreis klettern – ein Trend, der sich jedoch durch technische und politische Entwicklungen im Bereich der Substitutprodukte wieder umkehren könnte.

Im subsaharischen Afrika trägt die Ausfuhr von Rohzucker für eine Reihe von Staaten in erheblichem Umfang zu den Exporteinkünften und damit zum Volkseinkommen bei. So erwirtschaftete der Zuckersektor 2005 beispielsweise in Mauritius allein 17 %, in Swasiland 16 % und in Malawi immerhin 9 % der Exporterlöse (Fischer Weltalmanach 2008: 317, 460, 329). Im Folgenden sollen die Konsequenzen der aktuellen Prozesse auf dem Zuckerweltmarkt für die Entwicklung der vergleichsweise kleinen Zuckerexporteure Afrikas differenziert betrachtet werden.

II Der Weltmarkt für Zucker

Von der Weltzuckerproduktion wird ca. 60 % aus Zuckerrohr gewonnen, der Rest aus Zuckerrüben. Aufgrund des höheren Zuckergehalts sowie der Möglichkeit mehrerer Ernten jährlich und der damit verbundenen besseren Auslastung der Raffinerien ist die Herstellung aus Zuckerrohr generell kostengünstiger als jene aus Zuckerrüben. Die Zuckerrohrproduzenten, und damit vor allem die tropischen Entwicklungsländer, haben also von Natur aus einen gewissen Wettbewerbsvorteil gegenüber ihren Konkurrenten aus den Industriestaaten (RATTER und DRÖGE 2007: S. 65; CORVES 2004: 42 f.).

II.1 Produktion, Konsum und Export von Rohzucker

Die Weltrohzuckerproduktion betrug 2004/05 146,2 Tonnen (CORVES & HOFFMANN 2007: Kap. 2.1), wobei ungefähr zwei Drittel dem Eigenverbrauch der jeweiligen Erzeuger diente. Indien und China als dritt- und viertgrößte Produzenten beispielsweise verbrauchen ihre komplette Eigenproduktion selbst und müssen darüber hinaus noch weiteren Zucker importieren, um den heimischen Bedarf befriedigen zu können (vgl. Abb.1 und 2). Für die Fragestellung dieser Arbeit sind jedoch die ca. 34 % des Zuckers entscheidend, die global gehandelt werden. Dieser Wert setzt sich aus den ungefähr sechs Prozent der Erzeugung, die über Präferenzabkommen abgewickelt wird, und den ca. 28 % des Zuckers auf dem „freien Weltmarkt" zusammen (CORVES & HOFFMANN 2007: Kap. 2.3).

Aus Abbildung 3, welche die zehn größten Zuckerexporteure der Welt darstellt, wird ersichtlich, dass der Zuckerweltmarkt überaus konzentriert ist: Beinahe 80 % aller Exporte kommen aus den zehn wichtigsten Exportländern. Mit Abstand größter Exporteur ist Brasilien, das auch als einziges Land weitgehend kostendeckend produziert. Die afrikanischen Exporteure spielen, Südafrika ausgenommen, international eine vergleichsweise unbedeutende Rolle.

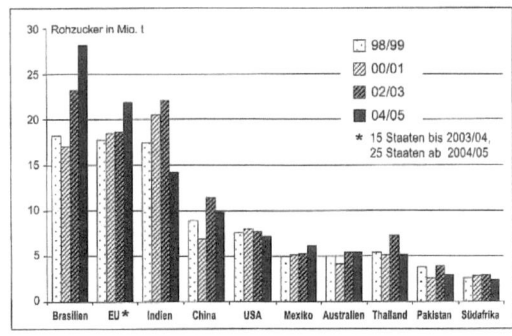

Abb. 1: Die zehn größten Zuckerproduzenten der Welt (Ratter und Dröge 2007: S. 71)

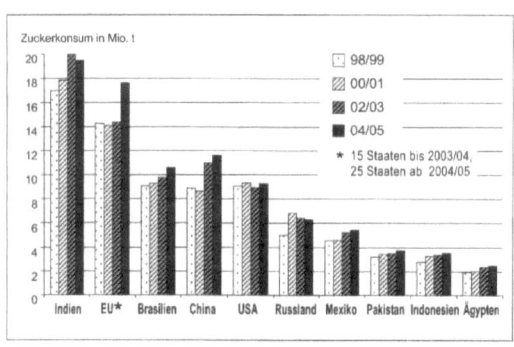

Abb. 2: Die zehn größten Zuckerkonsumenten der Welt (Ratter und Dröge 2007: S. 72)

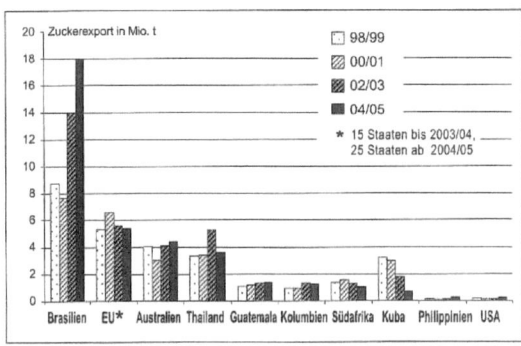

Abb. 3: Die zehn größten Zuckerexporteure der Welt (Ratter und Dröge 2007: S. 73)

II.2 Der Weltmarktpreis für Zucker

Der Weltmarktpreis für Zucker orientiert sich an Warenterminbörsen, hauptsächlich in London und New York. Dort wird nicht mit realem Zucker, sondern mit Futures-Kontrakten, i.e. Verträgen über zukünftige Lieferungen gehandelt. Dementsprechend spielen bei der Preisbildung Erwartungen bezüglich des Angebots und der Nachfrage in der Zukunft eine wichtige Rolle. Spekulation trägt häufig ebenfalls in erheblichem Umfang zur Preisbildung bei.

Abbildung 4 zeigt die Preisentwicklung bei Rohzucker von 1960 bis 2006 mit den jeweiligen höchsten und niedrigsten Monatsmitteln der jeweiligen Jahre. Die Preisschwankungen sind sehr ausgeprägt und erreichen bis zu 300 % binnen eines Jahres (CORVES & HOFFMANN 2007: Kap. 2.4).

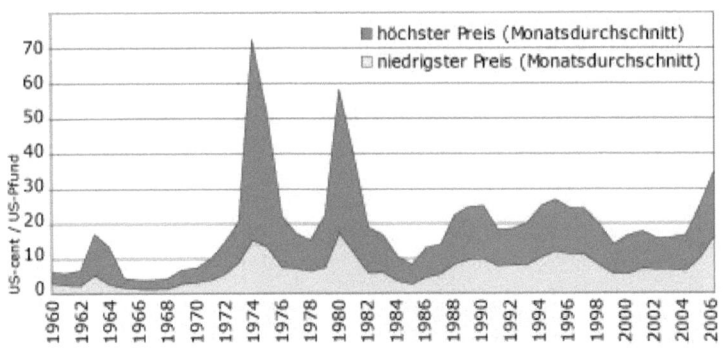

Abb. 4: Weltmarktpreis für Zucker 1960 – 2006 (CORVES & HOFFMANN 2007: Kap. 2.4)

Dementsprechend schwankend und unberechenbar waren und sind die Deviseneinnahmen der zuckerexportierenden Länder. Diese litten zudem stark unter einem allgemeinen Preisverfall. Abbildung 4 zeigt, dass der Zuckerpreis seit Beginn der 1980er Jahre deutlich sank und sich bis etwa 2004 auf einem sehr niedrigen Niveau bewegte. In

Wirklichkeit ist der Niedergang der Preise noch weitaus dramatischer, als es die Grafik darstellt, da sie die Inflation über diesen großen Zeitraum unberücksichtigt lässt. Die Entwicklung beim Zucker passte damit lange Zeit in das allgemeine Bild sinkender Rohstoffpreise auf dem Weltmarkt und sich säkular verschlechternder *terms of trade* zu Lasten der Dritten Welt.

Seit 2004 jedoch ist beim Zuckerpreis, wiederum parallel zu anderen agrarischen und nichtagrarischen Rohstoffen, eine Umkehr dieses Trends zu erkennen. Abbildung 5 verdeutlicht die Entwicklung, deren Ursachen vielfältig sind.

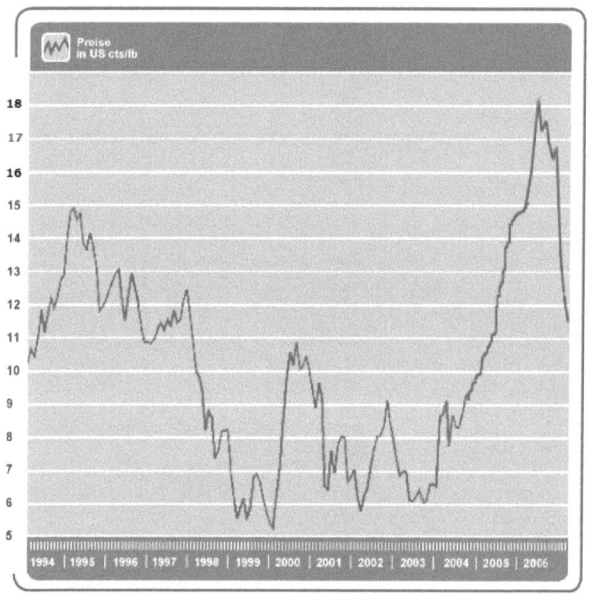

Abb. 5: Weltmarktpreis für Zucker 1994 – 2006 (Wirtschaftliche Vereinigung Zucker 2008)

Während die Nachfrage nach Zucker in den Industrieländern stabil ist, steigt sie in den meisten Entwicklungsländern proportional zum Bevölkerungswachstum. In den großen Wachstumsmärkten China und Indien, die ihren Bedarf nicht selbst decken können, wächst der Bedarf nach Zucker mit wachsendem Wohlstand derzeit spürbar, was sich im

Weltmarktpreis niederschlägt. Ferner existiert eine Verbindung zwischen den Preisen für Zucker und Rohöl. Letzteres verteuert sich seit Jahren schier unaufhaltsam (vgl. Abb. 6). Brasilien, mit Abstand größter Zuckerproduzent (vgl. Abb. 1) verarbeitet momentan ungefähr die Hälfte seines Zuckerrohrs zu Bio-Ethanol, welches als Kraftstoffzusatz dient. Je weiter der Ölpreis klettert, umso profitabler ist die Verwendung von Bio-Ethanol. Dementsprechend wird mehr Zuckerrohr für die Ethanolherstellung eingesetzt, der Anteil des Rohzuckers an der Erzeugung hingegen geht zurück. Diese Verknappung des Angebots trägt ebenfalls zum Anstieg des Rohzuckerpreises bei (FAZ 2005).

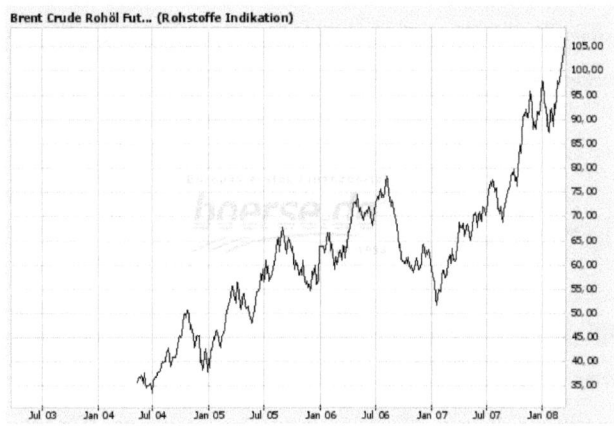

Abb. 6: Weltmarktpreis für Rohöl in US-$ 2004 – 2008 (Boerse.de 2008)

Wie bereits erwähnt spielen Erwartungen in künftige Entwicklungen bei der Preisbildung an den Börsen eine wichtige Rolle. Durch die Reform der Europäischen Zuckermarktordnung werden die EU-Zuckerexporte – die EU war 2004/05 immerhin zweitgrößter Zuckerexporteur der Welt – wohl in absehbarer Zeit vom Weltmarkt verschwinden (vgl. III.4). Die Aussicht auf den Wegfall so großer Exportmengen hat wahrscheinlich auch einen gewissen Effekt auf die aktuelle positive Preisentwicklung.

III Die Rolle der EU

Die Struktur des Zuckerweltmarktes kann durch die Gegenüberstellung von Produktions-, Konsum- und Exportmengen sowie die Betrachtung des Preisbildungsprozesses an den Börsen nur unzureichend erklärt werden. Der globale Handel wird vielmehr massiv von Präferenzabkommen, Subventionsmaßnahmen und Protektionismus beeinflusst (RATTER und DRÖGE 2007: S. 74). Die EU als weltweit zweitgrößter Zuckerproduzent, -konsument und -exporteur ist dabei für den bisweilen exzessiven Einsatz solcher Instrumente bekannt, die auch den Zuckerhandel mit den subsaharischen Staaten maßgeblich determinieren. Als wichtigster Handelspartner dieser Staaten hat sie damit entscheidenden Einfluss auf den afrikanischen Zuckersektor, weshalb der EU hier ein eigener Abschnitt gewidmet wird.

III.1 Die Europäische Zuckermarktordnung

Wie für alle wichtigen Agrargüter existiert auch für Zucker eine eigene EU-Verordnung, die Europäische Zuckermarktordnung (ZMO). Die bereits 1957 im Rahmen der Römischen Verträge vereinbarte ZMO trat 1968 in Kraft und lief am 30. Juni 2006 aus. Ihre Hauptziele bestanden darin, die Selbstversorgung mit Zucker sowie Preisstabilität in der Gemeinschaft sicherzustellen. Außerdem sollten ausreichend Beschäftigung und ein stabiler Lebensstandard für die europäischen Zuckerbauern gewährleistet werden, was der Entwicklung des ländlichen Raumes insgesamt zugute kommen sollte.

Um dies zu erreichen wurden mehrere Maßnahmen implementiert: Zum einen richtete man nationale Produktionsquoten ein (A-Quote zur Sicherung der Grundversorgung, B-Quote als Puffer bei Ernteausfällen usw., überschüssiger Zucker = C-Zucker), die auf die einzelnen Staaten der Gemeinschaft verteilt wurden. Preisgarantien in Form von Mindestpreisen für Zuckerrüben und Garantiepreisen für Roh- bzw. Weißzucker sicherten stabile Einkommen für Bauern und Zuckerhersteller. Exportsubventionen ermöglichten es ferner, den im Quotensystem entstehenden überschüssigen Zucker künstlich auf Weltmarktniveau zu vergünstigen und außerhalb der Gemeinschaft abzusetzen. Schließlich sah die ZMO auch den Außenschutz des europäischen Marktes gegen Importe günstigeren Weltmarktzuckers mittels Einfuhrzöllen von bis zu 300 % vor.

Obgleich die oben genannten Zielsetzungen der ZMO weitgehend erreicht oder gar übertroffen wurden, wurde die Verordnung zum Ziel vielfältiger Kritik. Diese bezog sich zum einen auf die massive Überproduktion von Zucker, welche durch die allzu großzügigen Quoten und hohen Preisgarantien gefördert wurde und sich auf 20 % der Jahresproduktion bzw. fünf bis sechs Tonnen jährlich belief. Trotz dieses vermeintlichen Überflusses müssen die europäischen Verbraucher tief in die Tasche greifen: Derzeit bezahlen sie jährlich für ihren Zucker ungefähr 6,5 Milliarden Euro mehr als für die gleiche Menge Weltmarktzucker zu veranschlagen wäre. Zum anderen stand vor allem das „Exportdumping" durch die europäischen Ausfuhrsubventionen international in der Kritik, da es den Weltmarktpreis künstlich drückte und anderen Exporteuren entsprechende Einnahmeverluste bescherte. Diese Exporteure wie etwa Brasilien, Thailand oder Australien, die wesentlich günstiger produzieren als die Europäer, hatten durch die massiven Importzölle in Europa auch keinen Zugang zum europäischen Markt und fühlten sich daher doppelt benachteiligt (CORVES & HOFFMANN 2007: Kap. 1.4).

III.2 Das AKP-Zuckerprotokoll

Für die afrikanischen Zuckerproduzenten sind präferenzielle Handelsabkommen mit der EU mithin von essenzieller Bedeutung. Die Handelsbeziehungen einiger europäischer Länder mit ihren ehemaligen Kolonien sind bis heute intensiv. So auch im Falle Großbritanniens, das traditionell große Mengen Rohzucker aus seinen einstigen Überseegebieten importiert und weiterverarbeitet. Als das Land 1973 der damaligen EG beitrat, fand diese Tradition in der ZMO ihre Berücksichtigung. 1975 schloss die EG mit vielen ihrer ehemaligen Kolonialgebiete in Afrika, der Karibik und im Pazifik (AKP-Staaten, vgl. Abb. 7) in Togos Hauptstadt Lomé das AKP-Abkommen (SCHOLZ 2006: S. 188 f.).

Die *AKP*-Staaten

KARIBIK   **PAZIFIK**

AFRIKA

KARIBIK:
Antigua
Bahamas
Barbados
Belize
Dominica
Grenada
Guayana
Jamaika
St. Kitts
St. Lucia
St. Vincent
Surinam
Trinidad

AFRIKA: Angola Äquat.-Guinea Äthiopien Benin
Botswana Burkina Faso Burundi Dschibuti
Elfenbeinküste Eritrea Gabun Gambia Ghana
Guinea Guinea-Bissau Kamerun Kapverden Kenia
Komoren Kongo Lesotho Liberia Madagaskar
Malawi Mali Mauretanien Mauritius Moçambique
Namibia Niger Nigeria Ruanda Sambia São Tomé
Senegal Seychellen Sierra Leone Somalia Südafrika
Sudan Swasiland Tansania Togo Tschad Uganda
Zaire Zentralafrikanische Republik Zimbabwe

PAZIFIK:
Brunei
Fidschi
Kiribati
Papua-
Neuguinea
Salomonen
Tonga
Tuvalu
Vanuatu
Westsamoa

Abb. 7: AKP-Staaten (Bundeszentrale für politische Bildung 1999: S. 54)

Dabei nahm man speziell auf die britischen Interessen Rücksicht, indem das AKP-Zuckerprotokoll als Zusatzvereinbarung dem Lomé-Abkommen angefügt wurde. Es sah vor, dass einige Zucker produzierende AKP-Länder ihren Rohzucker nach festgelegten Quoten zollfrei nach Europa exportieren können. Neben der Zollfreiheit kamen sie in den Genuss garantierter Abnahmepreise, die sich an den EG/EU-Interventionspreisen orientierten und wie diese deutlich über Weltmarktniveau lagen. Das Abkommen befand sich von Beginn an im Spannungsfeld zwischen Handels- und Entwicklungshilfepolitik. Die Quoten sind jedoch nach rein historischen Kriterien festgelegt worden und bevorzugen einige wenige ehemalige britische Kolonien wie Mauritius (allein 38 %), Fidschi, Guyana, Jamaika und Swasiland, die den Löwenanteil der jährlich 1,3 Millionen Tonnen zollfreien Rohzuckers für die EU erzeugen. Als im Jahr 2000 mit dem Cotonou-Abkommen die Folgeverträge von Lomé ausgehandelt wurden, blieb das Zuckerprotokoll unverändert (RATTER und DRÖGE 2007: S. 75 f.).

Mit Blick auf die Bewertung des AKP-Zuckerprotokolls ist es sinnvoll, sich die historischen Rahmenbedingungen bei seiner Entstehung vor Augen zu führen. Neben der

Integration Großbritanniens spielten hier auch die hohen Rohstoffpreise jener Zeit eine Rolle. Anhand Abbildung 4 ist erkennbar, dass sich der Zuckerpreis 1975, also im Jahr, in dem das Lomé-Abkommen geschlossen wurde, im Höhenflug befand. Vor diesem Hintergrund wurden damals in Europa die Garantiepreise für Zucker kräftig erhöht mit der Konsequenz starker Produktionssteigerungen. In den 1970er Jahren entstand so eine strukturelle Überproduktion, die bis heute existiert. Gleichzeitig wurde in Afrika aufgrund der günstigen Voraussetzungen des Zuckerprotokolls zusätzliche Kapazität zur Zuckererzeugung geschaffen (SCHAMP 1981: S. 516 f.).

Was die Auswirkungen des AKP-Zuckerprotokolls betrifft, so ist das Bild vielgestaltig. Für einige Entwicklungsländer war es die Grundlage für beträchtliche und relativ stabile Einnahmen und trug in der Tat zur Steigerung des Lebensstandards der Bevölkerung bei. Oft wurden die Einkünfte jedoch nicht sinnvoll in andere Wirtschaftsbereiche investiert und aus der Konzentration auf den Zuckersektor resultierte bisweilen eine einseitige Abhängigkeit von diesem Produkt. Die Quoten und hohen Garantiepreise befreiten die Zuckerindustrie geradezu vom internationalen Wettbewerb, was dazu führte, dass die Anlagen und Abläufe vor Ort meist kaum modernisiert oder rationalisiert wurden. Dementsprechend teuer und nicht wettbewerbsfähig ist der Zuckersektor heute in vielen AKP-Staaten. Nicht übersehen werden sollte auch, dass in der EU dank eigener Überproduktion eigentlich gar kein Bedarf mehr an Importzucker besteht. Der AKP-Zucker vergrößert nur die vorhandenen Überschüsse und muss, mittels Ausfuhrerstattungen künstlich auf Weltmarktniveau verbilligt, wieder reexportiert werden. Diese „Entsorgung" auf dem Weltmarkt kostet die EU jährlich weitere 800 Millionen Euro (CORVES & HOFFMANN 2007: Kap. 1.2.1).

III.3 Die Reform der Europäischen Zuckermarktordnung

Mit Hinblick auf das Auslaufen der alten ZMO im Jahre 2006 und in Anbetracht der zahlreichen Kritikpunkte an der bisherigen Verordnung (vgl. III.1) gab es in der EU schon seit längerem Bestrebungen, diese zu reformieren. Neben dem zunehmenden Druck aus zuckerexportierenden Ländern wie Brasilien oder Australien und aus den LDC-Staaten (LDC = Least Developed Countries nach UN-Kategorisierung), die bislang kaum vom AKP-Zuckerprotokoll profitierten, gab es auch innerhalb der EU eine Reihe von Akteuren, die sich vehement für eine Reform einsetzten. Zu ihnen zählt unter anderem die zuckerverwendende Industrie, also beispielsweise Getränkehersteller. Sie erhoffte sich von einer Reform endlich günstigere Einkaufspreise für Zucker in Europa. Der EU-Rechnungshof hatte der ZMO bereits im November 2000 in seinem Bericht wegen der hohen Kosten für EU und Verbraucher sowie Wettbewerbsbehinderung ein äußerst negatives Zeugnis ausgestellt und so den Reformdruck erhöht. Schließlich sprachen sich auch viele NROs aus unterschiedlichsten Gründen für eine Überarbeitung der Verordnung aus (CORVES & HOFFMANN 2007: Kap. 1.5).

Entscheidend dürfte jedoch die Beschwerde Brasiliens bei der Welthandelsorganisation (WTO) im Jahr 2003 gewesen sein. Sie richtete sich gegen die Subventionierung von Zuckerexporten der EU und reexportierten AKP-Zucker und wurde später auch von Thailand und Australien unterstützt. Im April 2005 gibt die WTO der Beschwerde in ihrem endgültigen Schiedsspruch statt, die EU muss ihre Exportsubventionen abbauen und dementsprechend ihre Produktion insgesamt drosseln. Noch im selben Jahr erarbeitet die EU-Kommission unter Kommissarin Mariann Fischer Boel einen weit reichenden Reformvorschlag, der gegen die Bedenken europäischer Landwirte und Zuckerhersteller im Februar 2006 verabschiedet wird. Hauptziele der Reform sind eine deutliche Reduzierung der EU-Zuckerproduktion um mindestens sechs Millionen Tonnen jährlich sowie ein spürbar geringeres Preisniveau. Weiterhin sollen die subventionierten Exporte gänzlich verschwinden und die Produktion soll innerhalb Europas an den bestgeeigneten Standorten konzentriert werden. Zum Erreichen dieser Vorgaben dient ein Maßnahmenkatalog, der eine schrittweise Senkung der Mindest- und Garantiepreise ab 2008 um 39,4 % bzw. 36 % vorsieht. Zur Verringerung der Produktion werden Quoten von den Erzeugern zurückgekauft und das Quotensystem insgesamt vereinfacht. Die Einkommensverluste der Bauern und der Zuckerindustrie werden dabei zu etwa 65 % durch Ausgleichszahlungen abgemildert.

Es wird erwartet, dass die Reform tatsächlich zu dem erhofften Produktionsrückgang führt und die EU bald als Zucker-Nettoexporteur vom Weltmarkt verschwinden wird. Die AKP-Staaten, die bislang am stärksten vom Zuckerprotokoll des Lomé-Abkommens profitierten, können weiterhin zollfrei nach Europa exportieren. Ihnen stehen jedoch aufgrund der Preissenkungen gehörige Einnahmeeinbußen von über einem Drittel ins Haus (CORVES & HOFFMANN 2007: Kap. 1.6, 1.7).

III.4 Die Everything but Arms-Initiative

Um die Entwicklung in den 50 laut UN ärmsten Ländern der Welt anzukurbeln, wurde 2001 die Everything but Arms-Initiative (EBA) ins Leben gerufen. Sie sieht vor, den am wenigsten entwickelten Ländern für praktisch alle Waren außer Waffen zollfreien Zugang zum europäischen Markt zu gewähren. Bei bestimmten sensiblen Produkten, zu denen auch Zucker zählt, wurden die Zölle zunächst nur schrittweise abgebaut und die Einfuhrmenge durch Quoten reguliert. Ab 2009 kann Zucker jedoch zollfrei und ohne Mengenbeschränkung aus den LDCs in die EU eingeführt werden. Der Preis entspricht dabei dem europäischen Interventionspreis für Rohzucker. Die EU muss im Fall von steigenden Importen von EBA-Zucker, mangels Möglichkeit zum Reexport, ihre eigene Produktion entsprechend drosseln. Sie behält sich jedoch vor, die Zollfreiheit einzuschränken, falls der Import aus einzelnen LDC-Staaten kurzfristig exorbitant anwächst. Man erhofft sich von der EBA-Initiative eine Steigerung der Exporte und damit Deviseneinnahmen für die LDCs sowie verstärkte Investitionen in diese Länder. Sie soll so zu mehr Wirtschaftswachstum und zur Verringerung der Armut beitragen.

Aus Abbildung 8 wird deutlich, dass nicht alle subsaharischen Staaten unter die Kategorie der LDC fallen. Einige wichtige Zuckerproduzenten wie Swasiland oder Mauritius können somit keinerlei Nutzen aus der Initiative ziehen. Sie müssen eher mit einer Verlagerung der Zuckererzeugung in ärmere Nachbarländer und wachsender Konkurrenz rechnen. Profitieren hingegen werden vor allem solche Staaten, die großes Potenzial und günstige Standortbedingungen für die Zuckerproduktion vorweisen können und bisher nur über geringe Quoten im Rahmen des AKP-Zuckerprotokolls verfügten. Dies trifft unter anderem für Mosambik oder Sambia zu (RATTER und DRÖGE 2007: S. 76 f.).

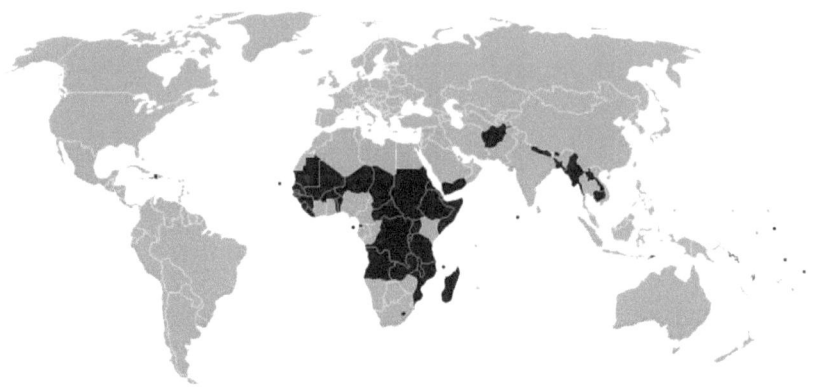

Abb. 8: LDCs nach UN (wikipedia foundation 2008)

IV Konsequenzen für die Zuckerproduzenten Afrikas

Die oben beschriebenen Rahmenbedingungen auf dem fragmentierten Zuckerweltmarkt mit seinen zahlreichen Präferenzabkommen, protektionistischen Maßnahmen und Subventionen hatten schon bislang ganz unterschiedliche Auswirkungen auf einzelne Länder und Regionen. Auch bei den aktuellen Entwicklungen wie der ZMO-Reform, der EBA-Initiative und den generell anziehenden Rohstoffpreisen sind die Auswirkungen keinesfalls einheitlich, sondern erfordern vielmehr eine differenzierte Betrachtung. Im Folgenden soll deshalb zunächst die ungleiche Entwicklung im Zuckersektor in zwei verschiedenen Staaten des Südlichen Afrika skizziert werden, bevor auf allgemeine Trends für die afrikanischen Zuckererzeuger eingegangen wird.

IV.1 Beispiel Mauritius

Als AKP-Zucker produzierendes Land mit den höchsten Quoten überhaupt, war die kleine Insel Mauritius der größte Profiteur des AKP-Abkommens. Die Landwirtschaft des Landes ist bereits seit der englischen Kolonialzeit einseitig auf die Zuckerproduktion ausgerichtet, Zuckerrohr bedeckt über zwei Drittel der landwirtschaftlichen Nutzfläche und die Ausfuhr von Rohzucker erbringt 17 % der Exporteinnahmen (KOOP 2002: S.24). Die Produktionskosten liegen jedoch deutlich über dem Weltmarktpreis für Zucker (vgl. Tabelle 1). Trotz weiterhin bestehender hoher AKP-Quoten muss Mauritius aufgrund der gesunkenen EU-Garantiepreise mit massiven Einkommensverlusten etwa in der Größenordnung der Preissenkung, also ca. 35 % rechnen. Folge davon werden Rationalisierungsmaßnahmen im Zuckersektor sein, die auch Schließungen und Verlagerungen von Betrieben mit sich führen und entsprechend Arbeitskräfte freisetzen werden.

Tabelle 1: Produktionskosten für Zucker in ausgewählten Ländern (eigener Entwurf nach CORVES & HOFFMANN 2007: Kap. 1.2)

Land	Produktionskosten (US-$/t)	Kosten für Produktion, Raffination und Transport (€/t)	Jahr
Brasilien	155	258	
Sudan	230	265	2002
Malawi	200	307	2002
Sambia	200	307	
Äthiopien	280	315	2002
Swasiland	250	362	2000
Mosambik	280	394	1994
Fidschi	310	427	2000
Guyana	375	498	1999
Mauritius	499	525	2001
Jamaika	700	851	2002

Mauritius zählt demnach aller Wahrscheinlichkeit nach zu den großen Verlierern der ZMO-Reform, da es als Nicht-LDC auch nicht von der EBA-Initiative profitieren kann (CORVES & HOFFMANN 2007: Kap. 1.7.6).

Die mauritische Wirtschaft ist allerdings insgesamt diversifizierter als die anderer Staaten der Region und Branchen wie die Textil- oder Tourismusindustrie könnten die negativen Effekte unter Umständen teilweise auffangen.

IV.2 Beispiel Mosambik

Ein anderes Bild zeigt sich im sudostafrikanischen Mosambik. Das Land gilt als eines der ärmsten der Welt und zählt auch zur UN-Kategorie der LDC. Der Anbau von Zucker-anbau hat hier eine lange koloniale Tradition, an die angeknüpft werden kann. Im Moment wird die in den Bürgerkriegen der 1980er und 1990er Jahre weitgehend zerstörte Zuckerindustrie wieder aufgebaut. Die Produktionskosten liegen deutlich unter jenen des Nachbarn Mauritius, was vor allem dem niedrigen Lohnniveau zu verdanken ist. Dementsprechend gehört Mosambik zu den mittelfristig konkurrenzfähigen LDCs mit hohem Produktionspotenzial. Unter den momentanen Bedingungen kann das Land als EBA-Exporteur in die EU deutliche Einnahmesteigerungen und Arbeitsplatzgewinne realisieren. Die Profite aus diesem Geschäft, können für den weiteren Ausbau und die Modernisierung des Zuckersektors verwandt werden, wobei auch hier zu berücksichtigen ist, dass die EU-Garantiepreise ja spürbar gesenkt wurden. Probleme stellen noch die schlechte Infrastruktur und damit hohe Transport- und Transformationskosten dar (CORVES & HOFFMANN 2007: Kap. 1.5.6).

IV.3 Allgemeine Konsequenzen für Subsahara-Afrika

Vor dem Hintergrund weltweiter Liberalisierungen insbesondere im Bereich der Zölle und Handelsbeschränkungen wird die Rolle der Transportkosten oft vernachlässigt. Ohne Zölle und Abgaben steigt jedoch deren relativer Anteil an den Kosten für ein international gehandeltes Produkt. Zucker ist da keine Ausnahme. Dies kann den Effekt haben, dass verkehrsungünstig gelegene Zuckerproduzenten der LLDCs (Land Locked Developing Countries nach UN) wie Malawi weit weniger von den Handelserleichterungen profitieren als beispielsweise das Nachbarland Mosambik mit seinen Häfen (STAMM 2007: S.60).

Zweifelsohne wird vor allem die EBA-Initiative ausländische Direktinvestitionen in den Zuckersektor der betreffenden Staaten lenken. Bereits vor 2009 sind Konzerne wie Associated British Foods (ABF) mit seiner Tochter British Sugar dabei, sich Beteiligungen an afrikanischen Unternehmen wie Illovo Sugar ltd. zu sichern, die Fabriken in LDCs des Südlichen Afrikas besitzen (CORVES & HOFFMANN 2007: Kap. 1.2.3).

Generell teilen die aktuellen Entwicklungen auf dem Zuckerweltmarkt, wie auch die Globalisierung insgesamt, die subsaharischen Länder in Gewinner und Verlierer. Einige Staaten werden durchaus großen Nutzen aus den schrittweisen Liberalisierungen des Zuckermarktes ziehen können. Es ist jedoch davon auszugehen, dass die großen, effizienten Zuckererzeuger, allen voran Brasilien, auch die größten Profiteure sein werden. Ihre Ausgangslage bezüglich Produktionskosten, Kostendeckung und Ausbau-fähigkeit der Kapazität ist ein entscheidender Vorteil. Die bereits seit längerem zu be-obachtende Tendenz der zunehmenden Marktkonzentration im Zuckergeschäft wird sich wahrscheinlich fortsetzen und die afrikanischen Erzeuger werden dabei keine Hauptrolle spielen.

Bedenklich ist die nach wie vor große Abhängigkeit der subsaharischen Zucker-produzenten von externen Entwicklungen. Nicht umsonst beschäftigt sich ein Großteil dieser Arbeit mit der Politik der EU. Das Schicksal ganzer Ökonomien in Afrika hängt von Entscheidungen in Brüssel oder auch von Einteilungen der UN eines Staates bei-spielsweise als LDC ab. Zurzeit profitieren einige Entwicklungsländer von den Ent-scheidungen der Industriestaaten, wie das Beispiel Mosambik verdeutlicht. Dies muss jedoch nicht zwangsläufig der Fall sein. Eine weitere Reform der ZMO, die eventuell die Beschränkungen für Zuckerersatzstoffe abschaffen würde, könnte genauso gut zum Niedergang der Zuckerindustrie ganzer Staaten führen, so wie es Ende der 1970er Jahre auf dem US-amerikanischen Markt eingetreten ist. Es wird daher entscheidend für Afrika sein, die neuen Einnahmen z. B. aus dem Geschäft mit EBA-Zucker, sinnvoll und nachhaltig in eine Diversifizierung ihrer Wirtschaft zu investieren, um diese Abhängigkeit zu reduzieren und damit Subjekt der eigenen ökonomischen Entwicklung zu werden. Der aktuelle Trend steigender Rohstoffpreise kommt den Afrikanern dabei entgegen, denn er verschiebt die jahrzehntelang geltenden Machtverhältnisse auf dem Weltmarkt (Terms of Trade) zu ihren Gunsten.

Literatur

Boerse.de [Hrsg.] (2008): Finanzportal online. Internet: http://www.boerse.de/. Stand: 14.03.2008

Bundeszentrale für politische Bildung [Hrsg.] (1999): Informationen zur politischen Bildung. Afrika I. Bonn.

CORVES, C. (2004): Die Europäische Union im Weltmarkt für Zucker. In: Geographische Rundschau 56/11, S. 42-48.

CORVES, C. & HOFFMANN, K. (2007): Globalisierung in der Zuckerdose. Aktuelle Entwicklungen im Weltmarkt für Zucker. In: Geographische Rundschau 59/11, S. 54-59.

Europäische Kommission [Hrsg.] (2008): External Trade. Internet: http://ec.europa.eu/trade/index_en.htm. Brüssel.

FAZ (2005): Zuckerpreis dürfte langfristig weiter steigen. Internet: http://www.faz.net/s/Rub58BA8E456DE64F1890E34F4803239F4D/Doc~E60868D9089194ED986A F94E72D8C58FB~ATpl~Ecommon~Scontent.html. 29.09.2005.

KOOP, K. (2002): Mauritius. Erfolgsgeschichte eins Entwicklungslandes. In: Geographische Rundschau 54/10 S. 24-31.

RATTER, B. & DRÖGE, A. (2007): König Zucker. Zwischen Kolonialgeschichte und neuer Weltmarktordnung. In: Entwicklung durch Handel? S. 65-88.

SCHAMP, E. W. (1981): Agrobusiness im tropischen Afrika. Bedingungen und Wirkungen in der Zuckerwirtschaft. In: Geographische Rundschau 33 (11), S. 512-517

SCHOLZ, F. (2006): Entwicklungsländer. Braunschweig.

STAMM, A. (2007): Bedeutung von Distanzen und Transportwegen in Entwicklungsländern. In: Geographische Rundschau 59/5, S. 60-65.

von BARATTA, M. [Hrsg.] (2007): Der Fischer Weltalmanach 2008. Frankfurt/Main.

Wikimedia Foundation [Hrsg.] (2008): Wikipedia. Die freie Enzyklopädie. Internet: http://de.wikipedia.org/wiki/Hauptseite. o.O.

Wirtschaftliche Vereinigung Zucker e.V. [Hrsg.] (2008): Homepage. Internet: http://www.zuckerwirtschaft.de/index.html. Bonn.